> # Den Ausstieg aus der Kernkraft sicher gestalten

Warum Deutschland kerntechnische Kompetenz für Rückbau, Reaktorsicherheit, Endlagerung und Strahlenschutz braucht

acatech (Hrsg.)

acatech POSITION
September 2011

Herausgeber:
acatech – Deutsche Akademie der Technikwissenschaften, 2011

Geschäftsstelle	Hauptstadtbüro
Residenz München	Unter den Linden 14
Hofgartenstraße 2	10117 Berlin
80539 München	
T +49(0)89/5203090	T +49(0)30/206309610
F +49(0)89/5203099	F +49(0)30/206309611

E-Mail: info@acatech.de
Internet: www.acatech.de

Empfohlene Zitierweise:
acatech (Hrsg.): *Den Ausstieg aus der Kernkraft sicher gestalten. Warum Deutschland kerntechnische Kompetenz für Rückbau, Reaktorsicherheit, Endlagerung und Strahlenschutz braucht* (acatech POSITION), Heidelberg u.a.: Springer Verlag 2011.

ISSN 2192-6166/ISBN 978-3-642-23805-5/ISBN 978-3-642-23806-2 (ebook)

DOI 10.1007/978-3-642-23806-2

Bibliografische Information der Deutschen Nationalbibliothek
Die Deutsche Nationalbibliothek verzeichnet diese Publikation in der Deutschen Nationalbibliografie;
detaillierte bibliografische Daten sind im Internet über http://dnb.d-nb.de abrufbar.

© Springer-Verlag Berlin Heidelberg 2011

Dieses Werk ist urheberrechtlich geschützt. Die dadurch begründeten Rechte, insbesondere die der Übersetzung, des Nachdrucks, des Vortrags, der Entnahme von Abbildungen und Tabellen, der Funksendung, der Mikroverfilmung oder der Vervielfältigung auf anderen Wegen und der Speicherung in Datenverarbeitungsanlagen, bleiben, auch bei nur auszugsweiser Verwertung, vorbehalten. Eine Vervielfältigung dieses Werkes oder von Teilen dieses Werkes ist auch im Einzelfall nur in den Grenzen der gesetzlichen Bestimmungen des Urheberrechtsgesetzes der Bundesrepublik Deutschland vom 9. September 1965 in der jeweils geltenden Fassung zulässig. Sie ist grundsätzlich vergütungspflichtig. Zuwiderhandlungen unterliegen den Strafbestimmungen des Urheberrechtsgesetzes. Die Wiedergabe von Gebrauchsnamen, Handelsnamen, Warenbezeichnungen usw. in diesem Werk berechtigt auch ohne besondere Kennzeichnung nicht zu der Annahme, dass solche Namen im Sinne der Warenzeichen- und Markenschutz-Gesetzgebung als frei zu betrachten waren und daher von jedermann benutzt werden dürften.

Koordination: Dr. Andreas Möller
Redaktion: Dr. Andreas Möller, Dr. Jens Pape
Layout-Konzeption: acatech
Konvertierung und Satz: Fraunhofer-Institut für Intelligente Analyse- und Informationssysteme IAIS,
Sankt Augustin

Gedruckt auf säurefreiem Papier

springer.com

> INHALT

KURZFASSUNG		5
PROJEKT		10
1	EINLEITUNG	12
2	WIE DIE SICHERHEIT KERNTECHNISCHER ANLAGEN BIS ZU DEREN ABSCHALTEN GEWÄHRLEISTET WERDEN KANN	14
3	WAS IN PUNKTO ABFÄLLE UND ENDLAGERUNG GETAN WERDEN MUSS	18
4	WARUM STRAHLENSCHUTZ (ZU JEDER ZEIT) EIN WICHTIGES ANLIEGEN IST – GERADE BEIM RÜCKBAU VON KRAFTWERKEN	22
5	WELCHE ROLLE FORSCHUNG UND LEHRE FÜR DIE AUSBILDUNG DES NACHWUCHSES UND FÜR DIE WEITERBILDUNG SPIELEN	23
6	AUSBLICK: FORSCHUNG AUS GLOBALER VERANTWORTUNG UND DIE BEDEUTUNG VON KOMMUNIKATION AUS DER WISSENSCHAFT HERAUS	25
7	LITERATUR	27

KURZFASSUNG

Als Reaktion auf die Havarie im japanischen Kernkraftwerk *Fukushima Daiichi* wird Deutschland als erstes Industrieland der Welt innerhalb rund eines Jahrzehnts vollständig aus der Kernkraft aussteigen; 2022 soll der letzte Reaktor des Landes vom Netz gehen. Das hat die Bundesregierung im Frühsommer dieses Jahres entschieden.

Mit dem Beschluss über den Ausstieg aus der Kernenergie wird Deutschland nicht über Nacht kerntechnikfrei. Vielmehr gilt es, einen an höchsten Sicherheitsstandards ausgerichteten Betrieb der hiesigen Kernkraftwerke bis zum vorgesehenen Ausstiegsdatum im Jahr 2022 zu gewährleisten. Außerdem werden der Rückbau der stillgelegten Kernkraftwerke und die bis heute noch nicht gelöste Endlagerproblematik die Gesellschaft noch auf Jahrzehnte beschäftigen.

Dies ist nur die eine, die nationale Komponente der nun getroffenen Ausstiegsentscheidung. Länder wie die USA, China, Indien, Russland, Großbritannien oder Frankreich planen den Fortbestand oder sogar Ausbau der Kernenergienutzung. Weitere Länder, deren Technologie- und Sicherheitskultur geringer ausgeprägt ist als unsere, versprechen sich von dem Einstieg in die Kerntechnik wirtschaftliche Vorteile. Die Beherrschung der unbestreitbar von der Kerntechnik ausgehenden Gefahren und Risiken wird somit auch in Zukunft eine Herausforderung für das Gemeinwesen vieler Staaten darstellen, zumal nukleare Strahlung nicht vor nationalen Grenzen halt macht. Dies gilt auch für Deutschland.

Was bedeutet all dies für den Forschungsstandort Deutschland?

Der Ausstieg aus der Kernenergie darf nicht gleichbedeutend sein mit einem „Ausstieg" aus den kerntechnischen Kompetenzen. Diese werden in den Bereichen Reaktorsicherheit, Strahlenschutz, Rückbau, Endlagerung, Krisenmanagement sowie zur kritischen Begleitung internationaler Entwicklungen noch weit über den deutschen Ausstieg hinaus gebraucht.[1] Die Bundesregierung hat diesen Gedanken bei der Verabschiedung des 6. Energieforschungsprogramms mit dem Titel *Forschung für eine umweltschonende, zuverlässige und bezahlbare Energieversorgung* im August 2011 verstärkt.[2]

Angesichts des angestrebten Atomausstiegs ist es aus Sicht von acatech richtig, die Energieforschung noch stärker auf die Alternativen zur Kernenergie und auf Fragen der Energieeffizienz zu konzentrieren. Andernfalls kann die Energiewende nicht gelingen. Gleichzeitig hält es acatech jedoch für notwendig, **die kerntechnische Forschung nicht zu beenden, sondern vielmehr neu zu priorisieren und nach den mit dem Atomausstieg einhergehenden Herausforderungen auszurichten**. Ziel muss es sein, den Atomausstieg und seine Folgen in der gesamten Komplexität so sicher und verantwortungsvoll wie möglich zu begleiten. Schließlich ist dieser technisch zu anspruchsvoll und gesellschaftlich zu weitreichend, als dass man einfach den sprichwörtlichen „Stecker" ziehen könnte.

Im Fokus werden hierbei die Forschung zur **Reaktorsicherheit**, zur **nuklearen Entsorgung** und zur **Kernmaterialüberwachung** stehen, da Wissen und Fähigkeiten in diesen Bereichen deutlich über das Ausstiegsdatum 2022 hinaus

---

[1] Nicht eingegangen wird in dieser Stellungnahme auf das Thema Proliferation. Auch dafür ist der Erhalt kerntechnischer Kompetenz letztlich ein Argument.

[2] Sie betont, dass die kerntechnische Kompetenz in Deutschland mit Schwerpunkten in der Reaktorsicherheitsforschung und Endlagerforschung erhalten bleiben soll und begründet dies wie folgt: „Für Betrieb, Stilllegung und Entsorgung von Kernkraftwerken und Forschungsreaktoren, ebenso wie für die Endlagerung radioaktiver Abfälle, gelten höchste Sicherheitsanforderungen. Maßgeblich ist nicht nur der Stand der Technik, sondern nach § 7d Atomgesetz der ‚fortschreitende Stand von Wissenschaft und Technik'. Damit weist der Gesetzgeber der nuklearen Sicherheitsforschung eine herausragende Rolle zu. Denn fortschreiten kann der Stand von Wissenschaft und Technik nur durch die Ergebnisse beharrlicher Anstrengungen bei Forschung und Entwicklung. Das Ziel der staatlichen Reaktorsicherheitsforschung liegt darin, im Sinne der öffentlichen Daseinsvorsorge eine eigene staatliche Kompetenz zu gewährleisten, um Sicherheitskonzepte der Hersteller und Betreiber unabhängig prüfen, bewerten und ggf. weiterentwickeln zu können." (Bundesregierung 2011, S. 65)

in den nächsten Jahrzehnten in besonders verantwortungsvollem Maße gebraucht werden: Auch andere Forschungsbereiche wie der **Strahlenschutz**, der nicht nur beim Rückbau von Kernkraftwerken eine zentrale Rolle spielt, sondern beispielsweise auch im medizinischen Bereich und bezüglich anderer ionisierender Strahlung, verlangen nach Erforschung und technischer Optimierung. Dies ist ohne eine qualitativ hochwertige und international renommierte deutsche Wissenschaft, der man eine entsprechende Aufgabe zutraut, nicht möglich, insbesondere dann, wenn wir höchste Sicherheitsstandards international durchsetzen wollen.

Bei der Kompetenzerhaltung durch Forschung und Lehre handelt es sich deshalb um nicht weniger als eine Frage der verantwortungsbewussten gesellschaftlichen Vorsorge durch Wissen. Bereits das gemeinsam mit der Leopoldina und den Unionsakademien 2009 erstellte Energieforschungskonzept war von der Prämisse ausgegangen, sich forschungsseitig viele relevante Pfade offenzuhalten, auch wenn diese gegenwärtig nicht im Fokus der Handlungsoptionen liegen.[3] Diese Prämisse – das zeigt nicht zuletzt der Abschlussbericht der Ethikkommission „Sichere Energieversorgung" – hat auch nach den Ereignissen im japanischen Kernkraftwerk *Fukushima* nichts an Gültigkeit verloren.[4] Im Gegenteil: Die dadurch angestoßene Sicherheitsdebatte hat die Bedeutung von Wissenschaft und Forschung zusätzlich unterstrichen.

In Summe lassen sich die bevorstehenden Aufgaben wie folgt charakterisieren: Der nun begonnene Umbau zu einer Energieversorgung ohne Kernenergie bis zum Jahr 2022 erfordert für Deutschland

1. **den sicheren Weiterbetrieb der Kernkraftwerke bis zu deren endgültiger Abschaltung,**
2. **den Rückbau der abgeschalteten Kernkraftwerke „bis zur grünen Wiese",**
3. **die Behandlung sowie Zwischen- und Endlagerung der radioaktiven Abfälle (dies schließt die Behandlung und Entsorgung von Strahlenquellen aus Medizin und Industrie mit ein),**
4. **die Fähigkeit zum Krisenmanagement sowie**
5. **letztlich die vollständige wissenschaftlich-technische Begleitung dieser Prozesse.**

Die zukunftsverantwortliche Gestaltung des Ausstiegs und der **Erhalt der internationalen Sprechfähigkeit** durch das Vorhalten entsprechender Kompetenzen sind daher **zwei wichtige Säulen bei der Umsetzung der Energiewende**, die momentan weniger als etwa die technologischen Kraftanstrengungen im Bereich der erneuerbaren Energien, Netze und Speicher im Fokus der Öffentlichkeit stehen.

Die Deutsche Akademie der Technikwissenschaften plädiert daher für die Beibehaltung der kerntechnischen, öffentlich zugänglichen Kompetenz in Deutschland und einen am Ziel des Ausstiegs orientierten Erhalt bzw. Ausbau der diesbezüglichen Forschung und Lehre im Bereich der nuklearen Sicherheits- und Endlagerforschung sowie im Strahlenschutz in den nächsten Jahren – nicht zuletzt im Sinne der europäischen und weltweiten Kooperation in diesem Feld.

Die nachfolgenden Empfehlungen sind daher als ein konstruktiver Beitrag zum Gelingen der Energiewende und damit Ausstieg aus Kernenergie zu verstehen, zu deren Abgabe sich acatech als die Stimme der deutschen Technikwissenschaften in Deutschland aufgerufen fühlt. acatech begleitet die Umsetzung der Energiewende, etwa indem sie der Ethikkommission Empfehlungen zum Ausbau intelligenter Stromnetze, so genannter Smart Grids, vorgelegt hat, mit deren Hilfe sich volatile, dezentrale Energiequellen wie Wind und Sonne in das

---

[3] Leopoldina/acatech/BBAW 2009. In der jüngst veröffentlichten Stellungnahme *Energiepolitische und forschungspoltische Empfehlungen nach den Ereignissen in Fukushima* hat die Leopoldina diesen Gedanken wieder aufgegriffen. Siehe Leopoldina 2011, Kernaussage Nr. 12.

[4] Die Ethikkommission hat sich dafür ausgesprochen, dass ein Teil der verfügbaren finanziellen und personellen Ressourcen ausdrücklich für Forschungsrichtungen eingesetzt werden sollte, die *„nicht im derzeitigen Mainstream liegen"*. (Siehe Ethikkommission 2011, S. 40).

Kurzfassung

Energiesystem integrieren lassen. Die Empfehlungen zum Erhalt der kerntechnischen Kompetenz lauten im Einzelnen:

1. KOMPETENZERHALT FÜR DIE SICHERHEIT KERNTECHNISCHER ANLAGEN UND FÜR DEN RÜCKBAU

Der Erhalt und Ausbau kerntechnischer Kompetenz in Forschung, Lehre und Weiterbildung sind Voraussetzung für den sicheren, schrittweisen Ausstieg aus der Kernenergienutzung in Deutschland. Sie sind auch Voraussetzung, um bei internationalen Entwicklungen entscheidenden Einfluss zum Beispiel auf Sicherheitsstandards nehmen zu können. Der Rückbau der kerntechnischen Anlagen erfordert über das Ausstiegsdatum hinaus kerntechnische Kompetenz.

Wissenschaftler in Deutschland müssen Ereignisse in kerntechnischen Einrichtungen weltweit kompetent und schnell bewerten können, speziell auch im Hinblick auf mögliche Folgen für Deutschland. Dies trägt nicht zuletzt dem Sicherheitsbedürfnis der hiesigen Bevölkerung Rechnung. Das international anerkannte hohe Know-how in Deutschland ist Basis für die Sprechfähigkeit Deutschlands und Voraussetzung für den weltweiten Einsatz deutscher Sicherheitstechnologie.

Der Rückbau kerntechnischer Anlagen ist eine technologisch und sicherheitstechnisch höchst anspruchsvolle Aufgabe, die uns in Deutschland auch nach dem Abschalten der Kernkraftwerke noch mehrere Jahrzehnte beschäftigen wird. Dazu sind noch mindestens zwei Generationen hervorragend ausgebildeter Ingenieure, Naturwissenschaftler und Techniker sowie eine begleitende, qualitativ hochwertige Forschung und Entwicklung erforderlich. Die in Deutschland vorhandene Expertise zum Rückbau kerntechnischer Einrichtungen gilt zudem weltweit als einzigartig, so dass sie auch unter Exportgesichtspunkten für unsere Industrie von Bedeutung ist.

Durch die wissenschaftliche Begleitung des Atomausstiegs können diese Kompetenzen noch einmal an Bedeutung gewinnen und andere Staaten bei ähnlichen Plänen unterstützen.

2. KOMPETENZERHALT FÜR DEN UMGANG MIT RADIOAKTIVEN ABFÄLLEN

Die Behandlung und Endlagerung radioaktiver Abfälle sind drängende, bislang noch nicht gelöste und entschiedene Aufgaben. Notwendig ist eine Strategie der Bundesregierung zu ihrer Bewältigung, die unter Einbeziehung der in Deutschland vorhandenen kerntechnischen Forschungskompetenz aufgestellt und umgesetzt wird.

Eine entsprechende Strategie schließt die Festlegung von Entscheidungsprozessen ebenso wie die Auseinandersetzung mit grundlegenden wissenschaftlichen Fragen, etwa zur Rückholbarkeit, ein. Bis zur Verschließung der Endlager sind wissenschaftliche Forschung, Begleitung und der Erhalt von Kompetenzen durch Aus- und Weiterbildung zwingend erforderlich. Dies gilt nicht zuletzt auch im Hinblick auf die Information und Beratung von Politik und Gesellschaft in Bezug auf die anstehenden Entscheidungen. Grundsätzlich gilt: Die Endlagerforschung in Deutschland hat bisher viele grundlegende, wissenschaftliche Erkenntnisse zur Verfügung gestellt, die für die sichere Endlagerung relevant sind.

Die Endlagerfrage ist jedoch nicht nur ein technisches Problem, sondern berührt auch soziale und politische Fragen. Auch auf der sozialwissenschaftlichen Seite ist daher ein diesbezüglicher Kompetenzerhalt oder -ausbau dringend notwendig, um konsequent interdisziplinär zusammenarbeiten zu können.

3. KOMPETENZERHALT FÜR STRAHLENSCHUTZ

Der Schutz von Mensch und Umwelt vor Belastungen durch ionisierende Strahlung ist das prioritäre Anliegen des Strahlenschutzes. Die messtechnische Erfassung von Strahlung und ihres Ausgangsortes im Kontext der allgemeinen Entwicklung von Technik und Materialien muss daher weiter erforscht und entwickelt werden.

Hierzu sind die komplexen Wirkmechanismen zwischen Strahlung und dem menschlichen Körper in all ihren Variationsmöglichkeiten weiter zu erforschen. Der Strahlenschutz ist für den Betrieb und Rückbau kerntechnischer Anlagen, als Reaktion auf atomare Unfälle wie in Fukushima, bei der Behandlung und Endlagerung radioaktiver Abfälle sowie bei anderen Anwendungen ionisierender Strahlung, zum Beispiel im Bereich der Medizin oder der Industrie, unerlässlich.

4. FACHKRÄFTEMANGEL

Das auch für andere Technologiefelder als virulent eingestufte Thema Fachkräftemangel macht vor der Kerntechnik nicht halt. Angesichts der bevorstehenden Aufgaben muss Deutschland auf der Basis exzellenter Wissenschaft und Forschung kerntechnische Kompetenz aus- und weiterbilden – für den Bedarf hierzulande, aber auch weltweit.

Die geordnete Beendigung der Kernenergienutzung in Deutschland, die sichere Behandlung bzw. Endlagerung radioaktiver Abfälle, die kompetente Bewertung der kerntechnischen Einrichtungen um Deutschland herum, die effektive Mitwirkung in internationalen Gremien und die Gestaltung internationaler kerntechnischer Regelwerke erfordern, dass in Deutschland kerntechnische Exzellenz vorhanden bleibt und weiter ausgebildet wird. Dazu sind attraktive Perspektiven für den Nachwuchs zu definieren, die zu einer entsprechenden Studienwahl animieren

5. GLOBALE VERANTWORTUNG DEUTSCHLANDS

Die deutsche Sicherheitsphilosophie in der Kerntechnik und in der diesbezüglichen Forschung und Lehre, die international als vorbildlich angesehen wird, muss auch in Zukunft dazu beitragen, weltweite Entwicklungen positiv mitzugestalten.

Es liegt im Interesse unserer Bevölkerung, dass die Sicherheit der in Deutschland und anderswo, vor allem in den Nachbarländern, betriebenen kerntechnischen Einrichtungen (u. a. Kernkraftwerke, Zwischen- und Endlager, medizinische Einrichtungen mit radioaktiven Quellen) höchsten Standards entspricht.

Darüber hinaus ist eine kompetente und international respektierte wissenschaftlich-technische Expertise zur nuklearen Sicherheitsforschung erforderlich – auch um internationale kerntechnische Risiken erkennen, bewerten und mit Hilfe fundierten politischen Drucks eindämmen zu können. Dabei sollte sich die deutsche kerntechnische Forschung stärker noch als bisher interdisziplinären Fragestellungen öffnen, zum Beispiel solchen der Katastrophen- und Risikoforschung oder der internationalen Sicherheits- und Proliferationspolitik. Dies betrifft auch Forschungsfelder wie die sozialwissenschaftliche Risikoforschung, Risikoethik oder Governance-Forschung, mit denen Kernenergieexperten stärker zusammenarbeiten sollten.

Damit kann die kerntechnische Forschung in Deutschland auch international eine verantwortungsvolle Vorreiterrolle bei der Minimierung der mit der Nutzung der Kerntechnik einhergehenden Gefahren und Risiken annehmen.

6. KOMMUNIKATION

Bei den anstehenden Entscheidungen ist nicht allein die kompetente fachliche Beratung von Politik und Gesellschaft notwendig, die versachlicht, einordnet und erklärt. Die mit der Kernkraft verbundenen Vorbehalte werden auch nach dem Ausstieg bleiben, da weiterhin Risiken existieren und sich Ereignisse wie in Fukushima wiederholen können. Überdies ist das Thema Endlagerung noch nicht geklärt. Ebenso entscheidend ist deshalb die fachliche fundierte Kommunikation und die kontinuierliche Begleitung des Ausstiegs-Monitorings und der entsprechenden Fortschritte, gerade von Seiten der unabhängigen Wissenschaft.

Technikkommunikation ist wie auch beim Ausbau der erneuerbaren Energien bezüglich der zusätzlich erforderlichen Speicher und Stromleitungen keineswegs als ein ad-hoc-Instrument zu begreifen, sondern – dies hat acatech unlängst in der Stellungnahme *Akzeptanz von Technik und Infrastrukturen*[5] unterstrichen – als genuiner Bestandteil jeder Technikentwicklung und -weiterentwicklung. Dies gilt auch und gerade für den Umbau des Energiesystems und den Ausstieg aus der Kerntechnik.

Mit anderen Worten: Die Gesellschaft muss zuverlässig und regelmäßig über die Fortschritte des Ausstiegs vor allem auch aus Sicht der Wissenschaft ins Bild gesetzt und an zukünftigen Entscheidungen beteiligt werden.

---

[5] acatech 2011.

Den Ausstieg sicher gestalten

PROJEKT

> PROJEKTLEITUNG

— Prof. Dr. Eberhard Umbach, Karlsruher Institut für Technologie (KIT), Präsidiumsmitglied acatech

> PROJEKTGRUPPE

— Prof. Dr. Hans-Josef Allelein, Forschungszentrum Jülich (FZJ)
— Dr. Angelika Bohnstedt, KIT
— Prof. Dr. Harald Bolt, FZJ
— Prof. Dr. Dirk Bosbach, FZJ
— Dr. Concetta Fazio, KIT
— Dr. Peter Fritz, KIT
— Prof. Dr. Horst Geckeis, KIT
— Dr. Gunter Gerbeth, Helmholtz-Zentrum Dresden-Rossendorf (HZDR)
— Prof. Dr. Antonio Hurtado, Technische Universität Dresden
— Prof. Dr. Marco K. Koch, Ruhr-Universität Bochum (RUB)
— Dr. Joachim Knebel, KIT
— Prof. Dr. Wolfgang-Ulrich Müller, Universitätsklinikum Essen
— Dr. Andreas Pautz, Gesellschaft für Anlagen- und Reaktorsicherheit (GRS)
— Prof. Dr. Klaus Röhlig, Technische Universität Clausthal
— Prof. Dr. Roland Sauerbrey, HZDR
— Prof. Dr. Thomas Schulenberg, KIT
— Prof. Dr. Jörg Starflinger, Universität Stuttgart
— Prof. Dr. Bruno Thomauske, RWTH Aachen
— Dr. Walter Tromm, KIT
— Prof. Dr. Frank-Peter Weiß, GRS

> REVIEWER

Diese Position wurde von drei externen Reviewern begutachtet, die acatech im Hinblick auf eine möglichst breite Abdeckung unterschiedlicher Facetten des Themas auswählte. Die Reviewer haben ihre Gutachten verfasst, gehen jedoch nicht mit dem gesamten Inhalt der Position konform.

— Prof. Dr. Armin Grunwald, KIT
— Michael Sailer, Öko-Institut
— Prof. Dr. Alfred Voß, Universität Stuttgart

Projekt

> **PROJEKTKOORDINATION**

- Dr. Joachim Knebel, KIT
- Dr. Andreas Möller, acatech Geschäftsstelle
- Dr. Jens Pape, acatech Geschäftsstelle

> **PROJEKTVERLAUF**

Die vorliegende Position wurde von einer durch acatech einberufenen Expertengruppe zwischen April und Juli 2011 erstellt und vom acatech Präsidium im August 2011 syndiziert. acatech dankt allen Mitwirkenden für die Diskussion und die Mitarbeit an diesem Papier.

> **FINANZIERUNG**

Das Präsidium dankt dem acatech Förderverein für die Unterstützung dieses Projekts.

Den Ausstieg sicher gestalten

1 EINLEITUNG

Deutschland wird vor dem Hintergrund der Ereignisse im japanischen Kernkraftwerk *Fukushima Daiichi* und der nachfolgenden Neuausrichtung der Energiepolitik früher als im Energiekonzept vom Herbst 2010 vorgesehen aus der Kernenergienutzung aussteigen. Neben den unmittelbar vom Netz genommenen Kraftwerken sollen alle anderen Kernkraftwerke bis 2022 stufenweise abgeschaltet werden. Dies ist eines der Ergebnisse, auf die sich die Regierungskoalition nach der Konsultation der eigens durch die Bundesregierung einberufenen Ethikkommission *Sichere Energieversorgung* sowie der Reaktorsicherheitskommission (RSK) Anfang Juni 2011 geeinigt hat.[6]

Eine wichtige Frage, die sich aus dieser Entscheidung für den Forschungs- und Entwicklungsstandort Deutschland ergibt, lautet: Braucht Deutschland damit auch in Zukunft noch kerntechnisches Know-how sowie Aus- und Weiterbildung in diesem Bereich?

Die Antwort lautet: Ja. Der Ausstieg aus der Kernenergie darf nicht gleichbedeutend mit einem Ausstieg aus der kerntechnischen Kompetenz sein, die Jahrzehnte über den Zeitpunkt der endgültigen Abschaltung der Kernkraftwerke hinaus gebraucht wird. Andernfalls wird Deutschland die wissenschaftlich-technischen Probleme bei der Umsetzung dieses Teils der Energiewende nicht in der erforderlichen Weise bewältigen können.

Technisch zu anspruchsvoll und gesellschaftlich zu weitreichend sind die Aufgaben, vor denen Wissenschaft und Wirtschaft stehen, als dass man den sinnbildlichen „Stecker" ziehen könnte. Aber auch der Strahlenschutz, der nicht nur beim Rückbau von Kraftwerken eine zentrale Rolle spielt, sondern unabhängig von der Nutzung der Kernenergie etwa im medizinischen Bereich weiterzuentwickeln ist, verlangt nach einer Erforschung und anschließenden technischen Optimierung. All dies geht nicht ohne eine qualitativ hochwertige, international renommierte Wissenschaft, der eine entsprechende Aufgabe zugetraut werden kann, insbesondere wenn wir international höchste Sicherheitsstandards beim Bau und Betrieb kerntechnischer Anlagen durchsetzen wollen.

ZU LÖSENDE AUFGABEN SETZEN HÖCHSTMASS AN KOMPETENZ VORAUS

Die in Deutschland angestrebte Energiewende stellt eine enorme wissenschaftlich-technische Kraftanstrengung dar. Sie bedarf neuer Konzepte und integrierter Lösungen in allen Bereichen der Energie: von der Bereitstellung, der Verteilung und Speicherung, bis hin zur effizienten und ressourcenschonenden Nutzung – übrigens auch bei den erneuerbaren Energien. Im Zusammenhang mit dem Ausstieg aus der Kernenergie gilt es, anspruchsvolle Aufgaben zu lösen, die gegenwärtig noch nicht im Fokus der medialen Öffentlichkeit stehen. Anders als das „Ob" interessiert das „Wie" im Hinblick auf eine sichere Energieversorgung bislang vor allem die Experten.

Mit einem einfachen „Abschalten" ist es nicht getan. Vom sicheren Weiterbetrieb der Kernkraftwerke bis zur Abschaltung über den Rückbau der Kernkraftwerke bis zur sicheren Zwischen- und Endlagerung bereits vorhandener und bis zur endgültigen Behandlung noch anfallender radioaktiver Abfälle vergehen mehrere Jahrzehnte und sind eine Reihe technisch-ingenieurwissenschaftlicher Herausforderungen zu lösen.

Dies schließt notwendigerweise die laufende Forschung zur Reaktorsicherheit, zur nuklearen Entsorgung, zur Strahlenforschung und zur Kernmaterialüberwachung ein, die zeitlich weit über das Ausstiegsdatum 2022 hinaus gehen wird. Wissen und Fähigkeiten in diesen Bereichen werden auf jeden Fall in den nächsten Jahrzehnten in besonders verantwortungsvollem Maße in Deutschland gebraucht. Gleichzeitig gilt es, auch international sprechfähig zu bleiben, um auf die Schaffung und Einhaltung kerntechnischer

---

[6] Ethikkommission 2011.

Einleitung

Sicherheitsregime zu drängen, die den hiesigen Sicherheitsanforderungen entsprechen. Es handelt sich deshalb bei der Kompetenzerhaltung durch Forschung und Lehre um eine Frage der verantwortungsbewussten, gesellschaftlichen Vorsorge.

Der am 17. Mai 2011 vorgelegte Bericht der Reaktorsicherheitskommission hat verdeutlicht, dass sich die kerntechnischen Anlagen in Deutschland auf einem sehr hohen Sicherheitsniveau befinden, es aber trotzdem Lücken bei schweren äußeren Einwirkungen, etwa durch Flugzeugabstürze, gibt.[7] Sowohl Nachrüstung als auch Rückbau, und das begleitende Monitoring, bedürfen höchster fachlicher Expertise, damit die momentan vorhandene Sicherheits- und Verantwortungskultur, die in Bezug auf die Kernenergie in Deutschland bei den beteiligten Akteuren herrscht, aufrechterhalten und möglichst weitreichend exportiert werden kann.

ANLIEGEN DIESER STELLUNGNAHME

Aufgabe wissenschaftsbasierter Politik- und Gesellschaftsberatung ist es, einen Beitrag zur Faktenbasierung der öffentlichen Debatten zu leisten und für Aufklärung über vorhandene wissenschaftlich-technische Implikationen übergeordneter gesellschaftlicher Ziele zu sorgen. Dies geschieht über die Bereitstellung von Handlungsoptionen. Sich angesichts der beschriebenen Rahmenbedingungen mit dem Status quo des kerntechnischen Wissens unter der Prämisse des Ausstiegs bis 2022 auseinanderzusetzen, ist gerade zum jetzigen Zeitpunkt, an dem die forschungspolitischen Weichen für die nächsten Jahre gestellt werden, dringend notwendig. Ein solcher Schritt sichert, ungeachtet der bereits getroffenen oder noch zu treffenden Entscheidungen, auch die Informations- und damit Handlungssicherheit Deutschlands.

Die Deutsche Akademie der Technikwissenschaften hat die nach dem Reaktorunfall von Fukushima angestoßenen Pläne zum schnellen Ausstieg aus der Kernenergienutzung in Deutschland zum Anlass genommen, zentrale Aspekte zum heutigen Stand der Kernenergie zusammenzutragen. Dafür wurde eine Expertengruppe der im Bereich der Kerntechnik in Deutschland führenden Institute an Universitäten und außeruniversitären Forschungseinrichtungen eingesetzt, die den Status quo mit dem Ziel der Politik- und Gesellschaftsberatung in kompakter Weise aufbereitet hat. Grundlegend dabei ist, dass alle beschriebenen Schritte von der politischen Prämisse des Ausstiegs bis 2022 ausgehen. Ziel ist Kompetenzerhalt für einen sicheren Ausstieg einschließlich Rückbau und bestmögliche Endlagerung, nicht dagegen für eine mögliche erneute Wende in der Energiepolitik im Hinblick auf die Kernenergie.

Dass der Kompetenzerhalt ein wichtiges forschungspolitisches Ziel ist, zeigt ein Blick auf die Entwicklung der vergangenen Jahre. Bereits im Zuge des früheren Ausstiegsbeschlusses aus dem Jahre 2001 wurde die nukleare Sicherheits- und Endlagerforschung stark reduziert. Deutschland, so ist acatech überzeugt, muss jedoch in der Lage sein, den nationalen Programmen der Nachbarländer und der sich schnell entwickelnden Länder wie China und Indien zu folgen und bei deren Sicherheitsstandards, beispielsweise durch aktives Engagement in der IAEO und der OECD-NEA, mitzuwirken. Nur so kann Deutschland einen Beitrag dazu leisten, den unbestreitbar mit der Nutzung der Kerntechnik einhergehenden Risiken und Gefahren auch international mit den höchsten Sicherheitsstandards zu begegnen.

---

[7] Reaktorsicherheitskommission 2011.

Den Ausstieg sicher gestalten

2 WIE DIE SICHERHEIT KERNTECHNISCHER ANLAGEN BIS ZU DEREN ABSCHALTEN GEWÄHRLEISTET WERDEN KANN

EMPFEHLUNG

Der Erhalt und Ausbau kerntechnischer Kompetenz in Forschung, Lehre und Weiterbildung sind Voraussetzung für den sicheren, schrittweisen Ausstieg aus der Kernenergienutzung in Deutschland. Sie sind auch Voraussetzung, um bei internationalen Entwicklungen entscheidenden Einfluss zum Beispiel auf Sicherheitsstandards nehmen zu können. Der Rückbau der kerntechnischen Anlagen erfordert über das Ausstiegsdatum hinaus kerntechnische Kompetenz.

Wissenschaftler in Deutschland müssen Ereignisse in kerntechnischen Einrichtungen weltweit kompetent und schnell bewerten können, speziell auch im Hinblick auf mögliche Folgen für Deutschland. Dies trägt nicht zuletzt dem Sicherheitsbedürfnis der hiesigen Bevölkerung Rechnung. Das international anerkannte hohe Know-how in Deutschland ist Basis für die Sprechfähigkeit Deutschlands und Voraussetzung für den weltweiten Einsatz deutscher Sicherheitstechnologie.

Der Rückbau kerntechnischer Anlagen ist eine technologisch und sicherheitstechnisch höchst anspruchsvolle Aufgabe, die uns in Deutschland auch nach dem Abschalten der Kernkraftwerke noch mehrere Jahrzehnte beschäftigen wird. Dazu sind noch mindestens zwei Generationen bestens ausgebildeter Ingenieure, Naturwissenschaftler und Techniker sowie eine begleitende, qualitativ hochwertige Forschung und Entwicklung erforderlich. Die in Deutschland vorhandene Expertise zum Rückbau kerntechnischer Einrichtungen gilt zudem weltweit als einzigartig, so dass sie auch unter Exportgesichtspunkten für unsere Industrie von Bedeutung ist.

Durch die wissenschaftliche Begleitung des Atomausstiegs können die genannten Kompetenzen an Bedeutung gewinnen und andere Staaten bei ähnlichen Plänen unterstützen.

Eine wichtige Säule der in Deutschland entwickelten Sicherheitskultur ist die Vorsorgeforschung. Die in kerntechnischen Themen ausgebildeten Ingenieure und Naturwissenschaftler genießen international eine hohe Wertschätzung und transportieren Sicherheits-Know-how und genehmigungsrelevante Aspekte in die internationale Gemeinschaft. Sie tragen so dazu bei, internationale kerntechnische Sicherheitsregime an den hohen deutschen Standards auszurichten. Auch für eine exzellente Lehre und als Attraktion für den Nachwuchs stellt eine anspruchsvolle und langfristig angelegte Forschung die zwingend erforderliche Basis dar.

Bei Neuanlagen – hiermit sind Reaktoren der so genannten 3. Generation gemeint, wie sie derzeit, ungeachtet der aktuellen Ereignisse in Japan, in Europa geplant oder in Bau sind – werden Erkenntnisse der internationalen Reaktorsicherheitsforschung bereits in der Basisauslegung berücksichtigt. Somit wird fortgeschrittenen Genehmigungsanforderungen frühzeitig Rechnung getragen. Die konkreten Themen der Reaktorsicherheitsforschung werden auch von aktuellen Entwicklungen, die nicht von der Forschung selbst getrieben sind, mitbestimmt. Dazu gehören beispielsweise geplante oder vollzogene technische Entwicklungen, aber auch Ereignisse in kerntechnischen Anlagen.

Die Förderung der Reaktorsicherheitsforschung durch die Bundesregierung in den letzten Jahrzehnten hat entscheidend dazu beigetragen, dass deutsche Reaktoren zu den sichersten der Welt gehören. Dieses Ergebnis wurde durch eine enge Zusammenarbeit zwischen Forschungszentren und -institutionen, Gutachterorganisationen, Universitäten, Betreibern und Industrie (Hersteller wie Zulieferer) in Deutschland sowie durch eine enge fachliche Kooperation mit entsprechenden ausländischen Institutionen erzielt.

Mit der wissenschaftlichen Begleitung und Absicherung des anstehenden Atomausstiegs besteht die Chance, die hierzulande bereits vorhandene Kompetenz um wichtige Erkenntnisse und Erfahrungswerte zu erweitern. Von diesem Wissen kann auch die internationale Gemeinschaft profitieren.

Der aktuelle Forschungsbedarf umfasst insbesondere folgende acht Punkte:

1. ANLAGENSICHERHEIT UND AUSLEGUNGSSTÖRFÄLLE

Die rechnerische Simulation spezieller Anlagendetails, ausgehend von den Brennstäben und Brennelementen bis hin zu kompletten Reaktorkreisläufen, sollte verbessert werden, um unter anderem das zeitabhängige Verhalten dieser Systeme bei verschiedenen Betriebszuständen simulieren und hinsichtlich ihrer Sicherheitseigenschaften analysieren zu können. Dies gilt speziell auch für Auslegungs- und auslegungsüberschreitende Unfälle.

Zur Bewertung der Sicherheit sind insbesondere bei der Nachbildung mehrdimensionaler Strömungsvorgänge Rechenprogramme mit erhöhter Aussagesicherheit erforderlich. Für die Simulation werden heute bereits hochauflösende Computational Fluid Dynamics (CFD)-Codes erfolgreich eingesetzt. Eines der Hauptziele bleibt - entsprechend dem sich stetig verbessernden Stand von Wissenschaft und Technik bei der Sicherheitsauslegung von Kernkraftwerken – die Weiterentwicklung mehrdimensionaler Modelle für CFD-Codes und die spätere Kopplung dieser Modelle mit integralen Systemcodes.

Fragen der Alterung von Komponenten und Materialien und der daraus resultierenden Minderung der Sicherheitsmargen von Komponenten und Funktionen gewinnen mit fortschreitender Betriebsdauer der Anlagen zunehmend an Bedeutung. Zukünftig wird es erforderlich sein, die Analysemodelle zur Simulation des mechanischen Gesamtsystemverhaltens weiterzuentwickeln. Dafür werden Berechnungsmethoden benötigt, mit denen auch die Wechselwirkung zwischen strukturmechanischen und thermohydraulischen Prozessen beschrieben werden kann.

2. AUSLEGUNGSÜBERSCHREITENDE STÖRFÄLLE

Weltweit werden Rechenprogrammsysteme zur Simulation des Ablaufs von Störfällen und Unfällen in wassergekühlten Kernreaktoren entwickelt, um Notfallmaßnahmen bewerten sowie vorhandene Sicherheitsreserven quantifizieren zu können. Zentrale Sicherheitsfragen betreffen innerhalb des Reaktordruckbehälters (RDB) die Beurteilung möglicher Kühlbarkeits- und Rückhaltepotenziale oder die Vorhersage eines eventuellen RDB-Versagens.

Bei schweren Störfällen, bei denen radioaktive Stoffe aus dem Primärkreis freigesetzt werden, stellt der Sicherheitsbehälter die letzte Spaltproduktbarriere gegen die Freisetzung von Radioaktivität in die Umgebung dar. Das Verhalten und die Kühlbarkeit der Kernschmelze im RDB sowie im Containment, das Durchschmelzen des Beton-Fundaments hinsichtlich Zeitdauer und Versagensbereiche sowie der Druckaufbau im Containment und die Spaltproduktfreisetzung in die Atmosphäre des Sicherheitsbehälters sind dabei wichtige Untersuchungsziele. Die Weiterentwicklung von Containmentkonzepten hinsichtlich unterschiedlicher Versagensmechanismen sowie die Verbesserung von Rückhaltemechanismen für die Spaltprodukte sind von hoher Bedeutung.

Kommt es zu einer Freisetzung in die Umgebung, so wird der Radionuklid-Quellterm maßgeblich vom Verhalten der Radionuklide und Aerosole innerhalb des Sicherheitsbehälters bestimmt. Für die Beurteilung der Sicherheit von Kernkraftwerken sowie zur Bewertung und Festlegung von Notfallschutz-Maßnahmen sind deshalb möglichst detaillierte Kenntnisse über die Vorgänge im Sicherheitsbehälter erforderlich.

3. PROBABILISTISCHE SICHERHEITSANALYSEN (PSA)

In einer PSA werden alle wichtigen Informationen über Anlagenauslegung, Betriebsweisen, Betriebserfahrungen, Komponenten- und Systemzuverlässigkeiten, menschliche Handlungen sowie anlagenübergreifende sicherheitstechnische Einflüsse analysiert und zu einer Gesamtbewertung für eine Anlage zusammengeführt. Mit einer PSA können die Ausgewogenheit der vorhandenen Sicherheitstechnik bewertet, mögliche Schwachstellen identifiziert, Möglichkeiten zu deren Beseitigung aufgezeigt und die Wirksamkeit von Notfallmaßnahmen beurteilt werden.

Das Ziel von Forschungsarbeiten ist es, die methodischen Grundlagen und Werkzeuge für die Durchführung einer PSA fortzuentwickeln und deren Aussagesicherheit zu quantifizieren. Dazu sind weitere Aspekte wie Personalhandlungen, gemeinsam verursachte Ausfälle, übergreifende Einwirkungen von Innen und Außen oder Notfallschutz-Maßnahmen einzubeziehen, neuere technische Entwicklungen (digitale Leittechnik usw.) oder der Ausfall passiver Komponenten oder Systemfunktionen zu berücksichtigen sowie Unsicherheits- und Sensitivitätsanalysen zu wichtigen Parametern durchzuführen.

4. FRAGESTELLUNGEN ZUR SICHERHEITSKULTUR

Vorfälle in kerntechnischen Einrichtungen haben die besondere Wahrnehmung von Sicherheit und Zuverlässigkeit nuklearer Einrichtungen in der Bevölkerung verdeutlicht. Seither wird dieser Einfluss sicherheitsbezogener Einstellungen und Werthaltungen auf den Ablauf von Ereignissen (nicht nur in der Kerntechnik) unter dem Stichwort der Sicherheitskultur diskutiert. Während in der theoretischen Abklärung des Konzepts inzwischen Fortschritte zu verzeichnen sind, mangelt es an praktikablen Instrumenten zur Bewertung der jeweiligen Güte von Sicherheitskultur sowie geeigneter Methoden ihrer gezielten und nachhaltigen Einführung und Förderung.

5. SICHERHEITSBEWERTUNG OSTEUROPÄISCHER UND RUSSISCHER REAKTOREN

Die Erhöhung der Sicherheit älterer Kernkraftwerke sowjetischer Bauart ist eine der dringendsten Aufgaben, die innerhalb der Europäischen Union (EU) in Kooperation mit den mittel- und osteuropäischen Ländern zu bewältigen ist. Von besonderer Bedeutung sind in diesem Zusammenhang auch zu implementierende Notfallschutz-Maßnahmen bei auslegungsüberschreitenden Störfällen. Westliche, insbesondere deutsche Unterstützung ist auf Grund des herausragenden deutschen anlagentechnischen Know-hows unverzichtbar und muss fortgeführt werden.

6. INNOVATIVE SICHERHEITSKONZEPTE

Weltweit arbeiten zahlreiche Forschungseinrichtungen an innovativen Sicherheitskonzepten. Diese Konzepte enthalten Elemente, die zu einer Erhöhung der Sicherheit deutscher Kernreaktoren bis zu deren Abschaltung beitragen können, und sind deshalb ebenfalls Gegenstand der Reaktorsicherheitsforschung. Diese innovative Kernenergietechnik beruht verstärkt auf naturgesetzlichen Prinzipien, die auch bei auslegungsüberschreitenden Störfällen ohne Zufuhr von Fremdenergie funktionieren (zum Beispiel Strom für Sicherheitssysteme oder Gravitations- und Druck-getriebene Notkühlsysteme zur Abfuhr der anfallenden Nachzerfallswärme).

Weiterhin wird die Transmutation langlebiger Radionuklide zur Sicherheit der Endlagerung radioaktiver Abfälle zu untersuchen sein. In internationalen Kooperationen werden derzeit Untersuchungen durchgeführt, um radioaktive Abfälle schon beim Betrieb von Kernreaktoren durch speziellen Brennstoffeinsatz zu minimieren. Alternative Brennstoffstrategien, wie zum Beispiel die Umwandlung von Minoren Actiniden in Leichtwasserreaktoren mit dem Ziel der Verringerung der langlebigen Radiotoxizität, sollten im

Detail hinsichtlich ihrer Umwandlungseffizienz sowie der Auswirkungen auf den Brennstoffkreislauf in internationaler Kooperation untersucht werden.

7. RÜCKBAU VON KERNKRAFTWERKEN

Die in Deutschland vorhandene Expertise zum Rückbau kerntechnischer Einrichtungen ist weltweit einzigartig. Das heute vorhandene Wissen ist an weitere Generationen weiterzugeben, um den Rückbau der deutschen Kernkraftwerke „bis zur grünen Wiese" sicherzustellen. Dabei müssen Verfahren weiterentwickelt und optimiert werden, die zu einer Verringerung der beim Rückbau anfallenden radioaktiven Abfallmengen sowie der Strahlenbelastung des Personals führen.

8. INTERNATIONALE ZUSAMMENARBEIT

Die Kompetenz der deutschen kerntechnischen Forschung und Entwicklung sowie das kerntechnische Regelwerk und die in Deutschland praktizierte Sicherheitskultur müssen in internationale Netzwerke (IAEO, OECD, Sustainable Nuclear Energy Technology Platform/SNETP der EU) eingebracht werden, um die Sicherheit kerntechnischer Anlagen in Europa auch in Zukunft weiter zu verbessern. Entsprechendes gilt für den deutschen Beitrag zur Implementierung und Weiterentwicklung von Techniken und Methoden zur internationalen Kernmaterialüberwachung. Dazu müssen Wissenschaftler deutscher Universitäten und Forschungseinrichtungen auch zukünftig an internationalen Entwicklungen aktiv teilnehmen, um dieses Wissen in Deutschland verfügbar zu halten.

3 WAS IN PUNKTO ABFÄLLE UND ENDLAGERUNG GETAN WERDEN MUSS

EMPFEHLUNG

Die Behandlung und Endlagerung radioaktiver Abfälle ist eine drängende, bislang noch nicht gelöste und entschiedene Aufgabe. Notwendig ist eine Strategie der Bundesregierung zu ihrer Bewältigung, die unter Einbeziehung der in Deutschland vorhandenen kerntechnischen Forschungskompetenz aufgestellt und umgesetzt wird.

Eine entsprechende Strategie schließt die Festlegung von Entscheidungsprozessen ebenso wie die Auseinandersetzung mit grundlegenden wissenschaftlichen Fragen, etwa zur Rückholbarkeit, ein. Bis zur Verschließung der Endlager sind wissenschaftliche Forschung, Begleitung und der Erhalt von Kompetenzen durch Aus- und Weiterbildung zwingend erforderlich.[8] Dies gilt nicht zuletzt auch im Hinblick auf die Information und Beratung von Politik und Gesellschaft in Bezug auf die anstehenden Entscheidungen.

Grundsätzlich gilt: Die Endlagerforschung in Deutschland hat bisher viele grundlegende, wissenschaftliche und technische Erkenntnisse zur Verfügung gestellt, die für die sichere Endlagerung relevant sind. Diese Forschung muss konsequent fortgesetzt werden.

1. GEGENWÄRTIGE RAHMENBEDINGUNGEN

Für die Endlagerung schwach- und mittelaktiver, nicht wärmeentwickelnder Abfälle steht in Deutschland das genehmigte Endlager *Konrad* zur Verfügung, bei dem in diesem Jahrzehnt mit der Einlagerung begonnen wird. Es gibt in Deutschland jedoch noch kein Endlager für hochradioaktive, wärmeentwickelnde Abfälle.

Solche Abfälle sind hauptsächlich abgebrannte Leistungsreaktorkernbrennstoffe, hochaktives Glasprodukt aus der Wiederaufarbeitung sowie technologische Abfälle aus der Brennelementzerlegung. Darüber hinaus sind Brennelemente aus Hochtemperatur- und Forschungsreaktoren zu nennen. Diese Abfälle sind bereits vorhanden und werden derzeit zwischengelagert, wobei abgebrannte Kernbrennstoffe bis zur endgültigen Abschaltung der Kernkraftwerke weiterhin anfallen.

Es besteht weitgehender Konsens darüber, dass die Endlagerung in tiefen geologischen Formationen der sicherste Entsorgungsweg für hochradioaktive Abfälle ist. Die Isolation von der Biosphäre wird im Wesentlichen durch die geologische Barriere im Verbund mit geotechnischen Maßnahmen (Konzept des einschlusswirksamen Gebirgsbereichs, ewG) erreicht. Dieser Konsens spiegelt sich auch in den kürzlich veröffentlichten Sicherheitsanforderungen des Bundesministeriums für Umwelt (BMU) wider. Zurzeit wird der Salzstock Gorleben nach einem zehnjährigen Moratorium weiter auf seine Eignung als Endlager für hochradioaktive Abfälle untersucht. Eine abschließende Bewertung ist noch nicht möglich. Die zurzeit bearbeitete *Vorläufige Sicherheitsanalyse Gorleben* (VSG) ist ein wichtiger Schritt dorthin. Aus der VSG sind auch wichtige Schlussfolgerungen im Hinblick auf die weitere Forschung und Entwicklung zu erwarten. In Deutschland werden neben Salz auch die beiden Wirtsgesteinsformationen Tonstein und Kristallingestein (zum Beispiel Granit) diskutiert.

Die Endlagerfrage ist jedoch nicht nur eine technische. Bei der Suche nach einem geeigneten Endlager geht es sehr stark auch um soziale und gesellschaftliche Kategorien wie Transparenz, Vertrauen, Dialog. Entsprechend sollten sich Ingenieure und Naturwissenschaftler in gesellschaftlichen Debatten mit ihrer Kompetenz einbringen, ohne die nichttechnischen Argumente geringer zu bewerten.

---

[8] Vergleiche dazu auch den Bericht der Ethikkommission (2011), S. 45: „Das Endlagerproblem muss gelöst werden, und zwar unabhängig davon, wie Ausstiegsszenarien und Laufzeiten aussehen. Hier liegt ebenfalls eine große ethische Verpflichtung im Zusammenhang mit dem Betrieb von kerntechnischen Anlagen. Die Schaffung eines gesellschaftlichen Konsenses über die Endlagerung hängt entscheidend mit der Nennung eines definitiven Ausstiegsdatums für die Atomkraftwerke zusammen."

2. OPTIONEN UND NOTWENDIGE UNTERSUCHUNGEN

In Deutschland liegt die Verantwortung für die sichere Entsorgung beim Bund. Forschungsarbeiten sind daher Bestandteil der nationalen Vorsorgeforschung und umfassen alle Bereiche der Endlagerung: Endlagertechnik, Aspekte der Langzeitsicherheit der Endlagerung, Reduzierung der Radiotoxizität sowie Charakterisierung und Konditionierung radioaktiver Abfälle. Diese Aktivitäten sind langfristig angelegt und werden durch die Lehre und Ausbildung an den Hochschulen und Forschungszentren begleitet. Eine enge Zusammenarbeit auf nationaler, europäischer und internationaler Ebene ist unerlässlich, wie zum Beispiel mit der IAEO und OECD/NEA. Innerhalb der EU sind insbesondere die Technology-Plattform IGD-TP (Implementing Geological Disposal of Radioactive Waste Technology Platform) zu nennen.

3. LANGZEITSICHERHEIT DER ENDLAGERUNG

Die Lösung technischer Fragen zur Errichtung und zum Betrieb eines Endlagers ist, insbesondere für eine Endlagerung im Steinsalz, in Deutschland weit fortgeschritten. Allerdings besteht auch weiterhin Forschungs- und Entwicklungsbedarf zu geophysikalischen Verfahren zur Standorterkundung, zur Entwicklung und Qualifizierung technischer Barrieren, zum Zusammenspiel von Aspekten der Endlagererrichtung und -optimierung, des Endlagerbetriebs, der Betriebs- und der Langzeitsicherheit. Für den Fall der Endlagerung im Tonstein in Deutschland sind teilweise noch grundlegendere Arbeiten erforderlich. Die Langzeitsicherheit eines Endlagers kann aber nicht alleine durch technische Maßnahmen nachgewiesen werden. Aussagen zur Langzeitsicherheit sind nur möglich durch das Verständnis aller grundlegenden, auch gekoppelten, thermischen, hydraulischen, mechanischen, chemischen, radiologischen und biologischen Prozesse, die in einem Endlagersystem wirken und denen Radionuklide in einem Endlagersystem ausgesetzt sein können. Auch hier spielen gesellschaftliche Erwägungen unter dem Stichwort Governance eine bedeutende Rolle und müssen neben den technischen Implikationen einbezogen werden.

Im Gegensatz zu den bisherigen Arbeiten zur Langzeitsicherheit, die sich auf phänomenologische Untersuchungen des Radionuklidverhaltens stützen, muss sich der Forschungsansatz zukünftig darauf konzentrieren, die grundlegenden Reaktionen, die für Mobilisierung oder Rückhaltung relevanter Radionuklide in einem Endlager verantwortlich sind, auf molekularer Ebene aufzuklären und zu quantifizieren.

Dieses Konzept erfordert die Entwicklung und Anwendung neuester analytischer, spektroskopischer und theoretischer Methoden und ihre Anpassung an die Charakterisierung radioaktiver Stoffe. So lassen sich belastbare thermodynamische und kinetische Daten für die Sicherheitsanalyse eines nuklearen Endlagers bestimmen, die nicht nur für einen bestimmten Standort gültig sind, sondern weitgehend auf andere Endlagerformationen übertragen werden können. Diese grundlegenden Daten fließen in reaktive Transportmodelle ein, die teilweise neu zu entwickeln sind, um eine mögliche Radionuklidausbreitung für verschiedene Endlagerkonzepte und Szenarien der jeweiligen Endlagerentwicklung beschreiben und bewerten zu können. Dadurch ist ein fundierter Sicherheitsnachweis über die geforderten sehr langen Zeiträume möglich. Die Forschungsarbeiten begleiten die Auswahl des Endlagerstandorts, die Errichtung und den Betrieb des Endlagers bis in die Nachbetriebsphase.

Auch das thermische, hydraulische, mechanische und chemische Verhalten technischer Endlagerkomponenten, die dabei wirksamen Stoffgesetze und gekoppelten Prozesse (etwa bei der Kompaktion von Salzgrusversatz) müssen weiter erforscht werden, um so eine effektive Endlagerplanung sowie eine sicherheitsanalytische Bewertung anhand qualifizierter Modelle zu ermöglichen. Weiterhin besteht zusätzlicher Entwicklungsbedarf im Bereich der numerischen Indikatoren zum Sicherheitsnachweis und zur Funktionsbewertung des einschlusswirksamen Gebirgsbereichs, mathematischer Methoden der Sensitivitätsanalyse, der sicherheitstechnischen Bewertung geotechnischer Barrieren und der Übertragbarkeit/Höherskalierung effektiver Parameter.

4. RÜCKHOLBARKEIT

Die Rückholbarkeit bereits eingelagerter Abfälle wird auch aus Gründen der öffentlichen Akzeptanz sehr ausführlich diskutiert. Man verspricht sich Vorteile, falls sich das Endlagersystem während des Betriebs unerwartet zum Negativen hin entwickelt, falls zukünftig bessere Technologien zur Abfallbehandlung bereitstehen oder für den Fall, dass die im abgebrannten Kernbrennstoff vorhandenen Reststoffe als mögliche Energiequelle genutzt werden sollen. Es besteht aber Konsens, dass Rückholbarkeitskonzepte die Sicherheit des Endlagers nicht beeinträchtigen dürfen.

Die Rückholbarkeit wird heute international bei vielen Endlagerkonzepten berücksichtigt; sie gilt jedoch meist für einen Zeitraum, der nur unwesentlich über die geplante Betriebsdauer des Endlagers hinausreicht. Bereits jetzt sehen die Sicherheitsanforderungen des BMU vor, dass die Rückholbarkeit des Abfalls während der Betriebsphase des Endlagers gewährleistet sein muss und dass die Abfallbehälter über 500 Jahre intakt bleiben müssen, um eine eventuelle spätere Rückholung nicht zu erschweren. Diese Anforderungen erfordern die Entwicklung angepasster Endlagerkonzepte und -techniken und deren sicherheitstechnische Überprüfung.

Das langfristige Offenhalten eines Endlagers über die Betriebsphase hinaus erhöht gegenüber dem vollständigen Einschluss der Abfälle zwangsläufig sowohl die Wahrscheinlichkeit eines Wasserzutritts zum Abfall als auch die Möglichkeiten eines unautorisierten Zugriffs auf Kernmaterial. Konzepte zur Rückholbarkeit müssen vor diesem Hintergrund sehr sorgfältig und kritisch überprüft werden.

5. REDUZIERUNG DER RADIOTOXIZITÄT („PARTITIONING" UND „TRANSMUTATION")

Eine Strategie, das Langzeitrisiko endzulagernder hochradioaktiver Abfälle wesentlich zu verringern, stellt die Technologie des *Partitioning und Transmutation* (P&T) dar. Langlebige Radionuklide wie die Actiniden Neptunium, Plutonium, Americium und Curium sollen abgetrennt (Partitioning) und dann in speziellen Anlagen durch Neutronenreaktionen in stabile oder kurzlebige Isotope umgewandelt werden (Transmutation). Die Radiotoxizität der dann verbleibenden und endzulagernden Abfälle wäre unter Berücksichtigung von Prozessverlusten nach wenigen Jahrtausenden auf das Niveau des natürlichen Urans abgeklungen. Das Inventar an langlebigen radiotoxischen Radionukliden kann so um mehrere Größenordnungen deutlich reduziert werden. Die Realisierung dieses Konzepts wird im internationalen Rahmen untersucht. Forschungsbedarf besteht in der Entwicklung und Optimierung hocheffizienter chemischer Abtrennprozesse. Da mehrere Transmutationszyklen für die Vernichtung der langlebigen Radionuklide notwendig sind, müssen die Verluste beim *Partitioning* sehr klein gehalten werden.

Die effektive Umwandlung oder Transmutation der Radionuklide in kurzlebige (oder sogar stabile) Isotope erfordert ein hochenergetisches Neutronenspektrum. Hierfür sind schnelle Transmutationsanlagen geeignet, welche neutronenphysikalisch kritische oder aber Beschleuniger-betriebene unterkritische ADS-Systeme (ADS = Accelerator-Driven System) sein können. Zur Entwicklung dieser Systeme sind unterstützende theoretische und experimentelle Forschungsarbeiten in den Bereichen der Neutronenphysik, Thermohydraulik, Werkstoffe und Materialien, Reaktorphysik und Sicherheit, Messtechnik, Kühlmitteltechnologien, Validierungsmethoden und Beschleunigerentwicklung (für ADS) erforderlich.

Die Strategie *Partitioning und Transmutation* wird die geologische Endlagerung nicht ersetzen können. Diese wird weiterhin für die verbleibenden hochradioaktiven Abfälle (Spaltprodukte, Actinidenverluste bei den P&T-Zyklen) erforderlich sein.

6. CHARAKTERISIERUNG UND KONDITIONIERUNG RADIOAKTIVER ABFÄLLE

Von September 2009 bis Juli 2010 wurde in Karlsruhe erfolgreich eine Verglasungsanlage für flüssige, hochradioaktive Abfälle basierend auf einem innovativen keramischen Schmelzer betrieben. Es ist zu prüfen, ob eine modifizierte Technologie, zu der in Deutschland derzeit ein international nachgefragtes großes Know-how existiert, auch für P&T-Reststoffe verwendbar ist. Alternativ können Radionuklide in neu entwickelte keramische Materialien strukturell eingebaut werden. Diese Keramiken zeichnen sich durch eine im Vergleich zum Glas sehr hohe Stabilität unter Endlagerbedingungen aus. Aufbauend auf modernen Abtrennverfahren können hochspezifische keramische Materialien maßgeschneidert werden und interessante Optionen im Hinblick auf die Langzeitsicherheit der geologischen Endlagerung eröffnen.

In Kernreaktoren werden graphitbasierte Materialien eingesetzt, die in den nächsten Jahrzehnten entsorgt werden müssen. Die endlagergerechte Konditionierung und Behandlung derartiger Materialien erfordert einerseits die Aufklärung des Verhaltens unter Endlagerbedingungen und gegebenenfalls die Entwicklung von Dekontaminationsverfahren.

Im Hinblick auf die Qualitätskontrolle für radioaktive Abfallgebinde besteht auch in Zukunft Forschungsbedarf. So erfordern die wasserrechtlichen Aspekte der Genehmigung für das Endlager *Konrad* Aussagen nicht nur zu den radiotoxischen Komponenten in den Abfallgebinden, sondern auch zu den rein chemotoxischen Bestandteilen, insbesondere Schwermetallen. Moderne Messverfahren wie die Prompt Gamma Neutronenaktivierungsanalyse ermöglichen zerstörungsfreie Analysen für Abfallgebinde, die in das Endlager Konrad gehen.

4 WARUM STRAHLENSCHUTZ (ZU JEDER ZEIT) EIN WICHTIGES ANLIEGEN IST – GERADE BEIM RÜCKBAU VON KRAFTWERKEN

EMPFEHLUNG

Der Schutz von Mensch und Umwelt vor Belastungen durch ionisierende Strahlung ist das prioritäre Anliegen des Strahlenschutzes. Die messtechnische Erfassung von Strahlung und ihres Ausgangsortes im Kontext der allgemeinen Entwicklung von Technik und Materialien muss daher weiter erforscht und entwickelt werden.

Hierzu sind die komplexen Wirkmechanismen zwischen Strahlung und dem menschlichen Körper in all ihren Variationsmöglichkeiten weiter zu erforschen. Der Strahlenschutz ist für den Betrieb und Rückbau kerntechnischer Anlagen, als Reaktion auf atomare Unfälle wie in Fukushima, bei der Behandlung und Endlagerung radioaktiver Abfälle, dem Rückbau kerntechnischer Einrichtungen sowie bei anderen Anwendungen ionisierender Strahlung, zum Beispiel im Bereich der Medizin oder der Industrie, unerlässlich.

Die Risiken durch Strahlenexposition beim Umgang mit ionisierender Strahlung sowohl für Arbeitnehmer als auch Bevölkerung und Umwelt sind zentrale Größen zur Bewertung aller Maßnahmen während der Restlaufzeit und der Stilllegung kerntechnischer Anlagen. Des Weiteren stellen sie wichtige Bewertungsindikatoren für den Sicherheitsnachweis eines Endlagers für radioaktive Abfälle dar. Hierbei ist von zentraler gesellschaftlicher Relevanz, dass radioaktive Isotope und ionisierende Strahlung nicht nur in der Kerntechnik Anwendung finden, sondern auch in Medizin, Technik und Naturwissenschaften.

Die Strahlenschutzforschung ist ein interdisziplinärer Forschungsbereich, in dem aus unterschiedlichen Blickwinkeln (Strahlenrisikoanalyse, Radioökologie, medizinischer Strahlenschutz, Strahlenbiologie und Strahlenepidemiologie sowie verwandte Gebiete) die verschiedenen Aspekte des Strahlenschutzes als Vorsorge für Mensch und Umwelt betrachtet werden.

Neben der stetigen Verbesserung beim Schutz vor und der Verringerung von Belastungen sind die genaue messtechnische Bestimmung der Strahlung und fundierte Kenntnisse zu ihrer Auswirkung auf den Menschen entscheidend wichtig. Hierbei müssen nicht nur die verschiedenen Strahlungsarten (α, β, γ, ν) mit ihren unterschiedlichen biologischen Wirksamkeiten genauestens untersucht, sondern auch die Möglichkeit ihrer Kombination in Betracht gezogen werden. Dies schließt grundlegende Informationen zum Ausbreitungsverhalten (Transport, Wechselwirkung mit Chemikalien, lebenden Organismen, etc.) und gegebenenfalls zu einer Akkumulation anthropogener Radionuklide in der Biosphäre mit ein.

Die Dosisgrößen, mit denen die Strahlenexpositionen charakterisiert werden, sind auf den jeweiligen biologischen Organisationsstufen (gesamter Organismus, Organe, Gewebe, Zellen und Zellbestandteile) mit geeigneten Experimenten und strahlenphysikalischen Modellen zu überprüfen und kritisch zu hinterfragen.

Von besonderer Bedeutung ist die Bewertung der Unterschiede bei der zeitlichen und räumlichen Verteilung der Dosis, speziell unter Berücksichtigung des Menschen als Einzelperson mit individuellen anatomischen und physiologischen Eigenschaften. Für eine Aussage zum Strahlenrisiko sind fundierte Kenntnisse der Dosis-Wirkung-Beziehung erforderlich und die individuelle Strahlenempfindlichkeit des Menschen zu berücksichtigen. Für die Betrachtung der Strahlenwirkung auf den Menschen und ihre langfristigen Effekte müssen entsprechende Wirkmechanismen genau geklärt werden.

Die Zusammenarbeit in der Forschung und der Kompetenzerhalt auf nationaler, europäischer und internationaler Ebene sind dabei unerlässlich, wie zum Beispiel beim Kompetenzverbund Strahlenforschung (KVSF), bei der „Multidisciplinary European Low Dose Initiative" (MELODI) oder innerhalb des europäischen Exzellenznetzwerks „Low Dose Research towards Multidisciplinary Integration" (DoReMi).

5 WELCHE ROLLE FORSCHUNG UND LEHRE FÜR DIE AUSBILDUNG DES NACHWUCHSES UND FÜR DIE WEITERBILDUNG SPIELEN

EMPFEHLUNG

Das auch für andere Technologiefelder als virulent eingestufte Thema Fachkräftemangel macht vor der Kerntechnik nicht halt. Angesichts der bevorstehenden Aufgaben muss Deutschland auf der Basis exzellenter Wissenschaft und Forschung kerntechnische Kompetenz aus- und weiterbilden – für den Bedarf hierzulande, aber auch weltweit.

Die geordnete Beendigung der Kernenergienutzung in Deutschland, die sichere Behandlung/Endlagerung radioaktiver Abfälle, die kompetente Bewertung der kerntechnischen Einrichtungen um Deutschland herum, die Glaubwürdigkeit und Mitwirkung in internationalen Gremien und die Gestaltung internationaler kerntechnischer Regelwerke erfordert, dass in Deutschland kerntechnische Exzellenz vorhanden bleibt und weiter ausgebildet wird. Dazu sind klare Perspektiven für den Nachwuchs zu definieren.

Das zentrale Gremium in Deutschland ist der Kompetenzverbund Kerntechnik, in dem alle kerntechnischen Stakeholder einschließlich der Bundesministerien für Bildung und Forschung (BMBF), für Wirtschaft und Technologie (BMWi) und BMU vertreten sind.

Durch die Bereitstellung hochqualifizierter Fachkräfte kann Deutschland international dazu beitragen, kerntechnische Sicherheitsregime aufzubauen und zu überwachen und somit einen wichtigen Beitrag für die Einhaltung hoher Sicherheitsstandards zu leisten.

Die Erhaltung und die Fortentwicklung kerntechnischer Kompetenz auf höchstem wissenschaftlich-technischen Niveau sind für die Gewährleistung der Sicherheit von heutigen und zukünftigen Reaktorsystemen national und international unverzichtbar. Die Pflege und die Verbesserung der Kompetenz haben in Deutschland sowohl an den Fachhochschulen und Universitäten als auch an den Forschungszentren und -instituten eine sehr hohe Bedeutung.

Die derzeitige Entwicklung zeigt, dass viele europäische Staaten ihre Kernkraftwerkskapazitäten weiter nutzen oder sogar erweitern werden. Aus diesem Grund ist es erforderlich, dass Deutschland auch zukünftig einen wesentlichen Einfluss auf die Formulierung von Sicherheitszielen und Inhalten internationaler Forschungs- und Entwicklungsprogramme behält. Die hierfür notwendigen wissenschaftlichen Grundlagen können nur von den akademischen Einrichtungen in enger Zusammenarbeit mit den nationalen Forschungszentren und mit Unterstützung der Industrie und der Behörden gelegt werden.

In anderen europäischen Staaten werden in internationalen Kooperationen sowohl bestehende Leichtwasserreaktoren weiter verbessert als auch Reaktorkonzepte mit höherem Sicherheitsniveau, besserer Brennstoffausnutzung, geringeren Abfallmengen und höherer Proliferationsresistenz entwickelt. Im Sinne einer verantwortlichen nationalen Vorsorgeforschung ist es in Deutschland geboten, auf höchstem wissenschaftlichen und technischen Niveau kerntechnische Kompetenz weiter zu verfeinern und die dabei gewonnenen Erkenntnisse direkt in die internationalen Entwicklungen einzuspeisen. Die Themen erstrecken sich vom Reaktorbetrieb über die Sicherheit des gesamten nuklearen Brennstoffkreislaufs bis zur Endlagerung. Bei der strategisch-konzeptionellen Gestaltung künftiger Ausbildungskonzepte muss darauf geachtet werden, dass alle Kompetenzbereiche berücksichtigt werden, speziell Reaktorsicherheit, Kraftwerksrückbau, Transmutation, Entsorgung und Proliferation.

In einer vom Kompetenzverbund Kerntechnik (KVKT) im Herbst 2010 beauftragten Studie wurde ermittelt, dass etwa 1.050 Studierende und 160 Doktorandinnen und Doktoranden deutschlandweit auf den Gebieten der Kernphysik, der Reaktorsicherheitstechnik, der Entsorgung, der

Radiochemie und des Strahlenschutzes ausgebildet werden oder wissenschaftlich tätig sind. Die im Rahmen dieser Studie durchgeführten Umfragen ergaben Schwerpunkte in der Lehre für die Gebiete Reaktortechnik, Reaktorsicherheitstechnik und Radiochemie. Eine noch defizitäre Ausprägung in der kerntechnischen Ausbildung resultiert für die Bereiche Rückbau- und Endlagermanagement sowie für den Strahlenschutz.

Die im Rahmen internationaler Aktivitäten laufenden innovativen Projekte müssen Triebfeder für den kerntechnischen Nachwuchs bleiben, und es gilt, die Wettbewerbsfähigkeit deutscher Nachwuchswissenschaftler sowohl in der Lehre als auch in der Forschung sicherzustellen. Diese Projekte organisieren sich beispielsweise innerhalb der IAEO oder in Europa durch die SNETP (Sustainable Nuclear Energy Technology Platform).

Hinsichtlich der Anzahl der Absolventinnen und Absolventen in den Fächern Radioökologie und Strahlenschutz hat Deutschland bereits heute große Defizite aufzuweisen. Speziell in Hinblick auf die Stilllegung der deutschen Kernkraftwerke sind hier besondere Anstrengungen für die Stärkung und den langfristigen Erhalt dieser Bereiche erforderlich. Der Anlagenrückbau erfordert eine hohe fachliche Interdisziplinarität, so dass die Konzeption neuer Lehr- und Ausbildungsmodule in enger Kooperation mit der Industrie und den Genehmigungsbehörden sicherzustellen ist.

Die akademisch-wissenschaftlichen Aktivitäten zur Entsorgungsforschung werden sehr große Aufwendungen für deutsche Universitäten und Forschungszentren in den nächsten Jahren bedeuten, speziell für die wissenschaftliche Untermauerung des Nachweises für die Endlagersicherheit über sehr lange Zeiträume. Zu den bereits bestehenden Studiengängen werden additive Lehrveranstaltungen erforderlich werden, die sich in internationaler Kooperation mit Fragen der Abtrennung und Umwandlung („Partioning" und „Transmutation") von Minoren Actiniden befassen. Die erforderliche Erhöhung der Studierendenzahlen und damit der Nachwuchskräfte für die nächsten Jahrzehnte macht eine finanzielle Stärkung der kerntechnischen Lehre unerlässlich.

6 AUSBLICK: FORSCHUNG AUS GLOBALER VERANTWORTUNG UND DIE BEDEUTUNG VON KOMMUNIKATION AUS DER WISSENSCHAFT HERAUS

Im Abschlussbericht der Ethikkommission Sichere Energieversorgung wird die Bedeutung kerntechnischer Forschung mit den folgenden Worten zum Ausdruck gebracht:

Der „Ausstieg" bedeutet zunächst, Atomkraftwerke vom Netz zu nehmen. Der Ethikkommission ist aber bewusst, dass die Atomkraftwerke nach diesem Zeitpunkt noch auf lange Zeit intensive Arbeiten von der Sicherung bis hin zum Rückbau erfordern. [...] Der Ausstieg aus der Kernenergie in Deutschland erfordert weitere Forschung auch zur Sicherheit kerntechnischer Anlagen sowie zum Umgang mit nuklearen Abfällen – dies ebenso mit Blick darauf, dass wir weiterhin in einer Welt leben, in der in vielen Staaten kerntechnische Anlagen betrieben und weitere Kernkraftwerke gebaut werden. (S. 5)

Die Kommission hat in diesem Zusammenhang deutlich gemacht, dass ein Teil der verfügbaren finanziellen und personellen Ressourcen ausdrücklich für Forschungsrichtungen eingesetzt werden sollte, die *„nicht im derzeitigen Mainstream liegen"*. (S. 40)[9]

Ungeachtet der energiepolitischen Entwicklung bei uns ist Deutschland von Nachbarländern umgeben, die Kernkraftwerke betreiben beziehungsweise zukünftig betreiben werden und von denen wir erwarten, dass diese nach neuestem und höchstem Stand von Wissenschaft und Technik vor allem hinsichtlich der Sicherheitsaspekte betrieben werden. Darüber hinaus müssen die Abfälle aus dem Betrieb der Kernkraftwerke sicher endgelagert werden. Dies ist im Interesse der deutschen Bevölkerung und somit Gegenstand staatlicher Vorsorgeforschung.

Daraus ergibt sich die folgende Empfehlung, die gleichsam als Zusammenfassung gelten kann:

Die deutsche Sicherheitsphilosophie in der Kerntechnik und in der Forschung und Lehre, die international als vorbildlich angesehen wird, muss auch in Zukunft dazu beitragen, weltweite Entwicklungen positiv mitzugestalten.

Um die Expertise bei der Hersteller- und Zulieferindustrie, den Betreibern, den Genehmigungsbehörden, der Forschung und den Ministerien in Bund und Ländern für den erforderlichen Zeitraum zu gewährleisten, ist es unverzichtbar, eine unabhängige und langfristig ausgerichtete Forschung und Lehre auf den Gebieten Reaktorsicherheit, nukleare Entsorgung sowie Strahlenschutz sicherzustellen. Eine fundierte wissenschaftlich-technische Expertise in der Kernenergie ist auch für die Besetzung internationaler Gremien (u. a. IAEO, OECD, EU) notwendig, so dass Deutschland seine Sicherheitskultur und Standards in entsprechende europäische und internationale Richtlinien und Gesetze einbringen kann.

Die in dieser acatech Stellungnahme für notwendig erachtete Kompetenzerhaltung kann von Seiten der Lehre und Forschung dann am effektivsten bewahrt und ausgebaut werden, wenn sowohl in der Forschung als auch bei Innovationen an vorderster Front gearbeitet wird. Dies geschieht im nationalen Interesse, aber – so wurde gezeigt – auch weit darüber hinaus.

Die Gestaltung des Ausstiegs und der Endlagerung radioaktiver Abfälle wird zukünftig nur dann von einer breiten gesellschaftlichen Mehrheit getragen, wenn Transparenz, glaubwürdige Information und Beteiligung der Bevölkerung zu integralen Bestandteilen werden. Das heißt, bei den anstehenden Entscheidungen ist nicht allein die kompetente fachliche Beratung von Politik und Gesellschaft notwendig, die versachlicht, einordnet und erklärt. Die mit der Kernkraft verbundenen Vorbehalte werden auch nach dem Ausstieg bleiben, da sich Ereignisse wie in Fukushima

---

[9] Siehe dazu mit ähnlichem Wortlaut auch die Stellungnahme der Leopoldina (2011), S. 5: „Langfristig muss Energieforschung thematisch breit aufgestellt sein und die gesamte Spanne von Grundlagenforschung bis zu stark anwendungsorientierten Untersuchungen umfassen, um der Gesellschaft zusätzlich Optionen zu erschließen. Auch wenn priorisiert werden muss, sollten Richtungen, die nicht dem jeweils aktuellen Mainstream entsprechen, in gewissem Umfang weiterverfolgt werden."

wiederholen können und das Thema Endlagerung überdies nicht geklärt ist. Ebenso entscheidend sind deshalb die fachlich fundierte Kommunikation und die kontinuierliche Begleitung des Ausstiegs-Monitoring und der entsprechenden Fortschritte, gerade von Seiten der unabhängigen Wissenschaft.

Technikkommunikation ist wie auch beim Ausbau der erneuerbaren Energien bezüglich der zusätzlich erforderlichen Speicher und Stromleitungen keineswegs als ein ad-hoc-Instrument zu begreifen, sondern – dies hat acatech unlängst in der Stellungnahme *Akzeptanz von Technik und Infrastrukturen. Anmerkungen zu einem aktuellen Gesellschaftlichen Problem* unterstrichen – als genuiner Bestandteil jeder Technikentwicklung und -weiterentwicklung.[10] Dies gilt auch und gerade für den Umbau des Energiesystems und den Ausstieg aus der Kerntechnik.

Mit anderen Worten, die Gesellschaft muss zuverlässig und regelmäßig über die Fortschritte des Ausstiegs vor allem auch aus Sicht der dafür kompetenten Wissenschaft ins Bild gesetzt und an zukünftigen Entscheidungen beteiligt werden. Dies kann dazu beitragen, das Verständnis für die Notwendigkeit der Erhaltung kerntechnischer Kompetenz in Deutschland für die kommenden Jahrzehnte zu wecken und zu stärken.

Das Thema Kerntechnik – beispielhaft die Sicherheits- und Endlagerfrage – ist jedoch nicht nur ein technisches Problem, sondern berührt auch soziale und politische Fragen. Auch auf der sozialwissenschaftlichen Seite ist daher ein diesbezüglicher Kompetenzerhalt oder -ausbau notwendig, um konsequent interdisziplinär zusammenarbeiten zu können. Dies betrifft Forschungsfelder wie die sozialwissenschaftliche Risikoforschung, Risikoethik oder Governance-Forschung, mit denen Kernenergieexperten stärker zusammenarbeiten sollten.

---

[10] acatech 2011.

7 LITERATUR

acatech 2011
acatech (Hrsg.): *Akzeptanz von Technik und Infrastrukturen. Anmerkungen zu einem aktuellen gesellschaftlichen Problem* (acatech bezieht Position, Nr. 9), Heidelberg u. a.: Springer Verlag 2011. URL: http://www.acatech.de/de/publikationen/stellungnahmen/acatech/detail/artikel/akzeptanz-von-technik-und-infrastrukturen.html [Stand: 08.08.2011].

Bundesregierung 2011
Forschung für eine umweltschonende, zuverlässige und bezahlbare Energieversorgung. Das 6. Energieforschungsprogramm der Bundesregierung. URL: http://www.bmwi.de/BMWi/Redaktion/PDF/E/6-energieforschungsprogramm-der-bundesregierung,property=pdf,bereich=bmwi,sprache=de,rwb=true.pdf [Stand: 08.08.2011].

Leopoldina/acatech/BBAW 2009
Deutsche Akademie der Naturforscher Leopoldina/Nationale Akademie der Wissenschaften/ acatech – Deutsche Akademie der Technikwissenschaften/Berlin-Brandenburgische Akademie der Wissenschaften (für die Union der deutschen Akademien der Wissenschaften): *Konzept für ein integriertes Energieforschungsprogramm für Deutschland*, Halle/München/Berlin: 2009.

Leopoldina 2011
Deutsche Akademie der Naturforscher Leopoldina/Nationale Akademie der Wissenschaften: *Energiepolitische und forschungspoltische Empfehlungen nach den Ereignissen in Fukushima*, Halle: 2011.

Ethikkommission 2011
Ethikkommission Sichere Energieversorgung: *Deutschlands Energiewende. Ein Gemeinschaftswerk für die Zukunft.* URL: http://www.bundesregierung.de/Content/DE/__Anlagen/ 2011/05/2011-05-30-abschlussbericht-ethikkommission,property=publicationFile.pdf [Stand: 08.08.2011].

Reaktorsicherheitskommission 2011
STELLUNGNAHME. *Anlagenspezifische Sicherheitsüberprüfung (RSK-SÜ) deutscher Kernkraftwerke unter Berücksichtigung der Ereignisse in Fukushima-I (Japan).* URL: http://www.bmu.de/moratorium/doc/47398.php [Stand: 08.08.2011].

> BISHER SIND IN DER REIHE „ acatech POSITION" UND IHRER VORGÄNGERIN „acatech BEZIEHT POSITION" FOLGENDE BÄNDE ERSCHIENEN:

acatech (Hrsg.): *Smart Cities. Deutsche Hochtechnologie für die Stadt der Zukunft. Aufgaben und Chancen* (acatech bezieht Position, Nr. 10), Heidelberg u.a.: Springer Verlag 2011.

acatech (Hrsg.): *Akzeptanz von Technik und Infrastrukturen. Anmerkungen zu einem aktuellen gesellschaftlichen Problem* (acatech bezieht Position, Nr. 9), Heidelberg u.a.: Springer Verlag 2011.

acatech (Hrsg.): *Nanoelektronik als künftige Schlüsseltechnologie der Informations- und Kommunikationstechnik in Deutschland* (acatech bezieht Position, Nr. 8), Heidelberg u.a.: Springer Verlag 2011.

acatech (Hrsg.): *Leitlinien für eine deutsche Raumfahrtpolitik* (acatech bezieht Position, Nr. 7), Heidelberg u.a.: Springer Verlag 2011.

acatech (Hrsg.): *Wie Deutschland zum Leitanbieter für Elektromobilität werden kann. Status Quo – Herausforderungen – Offene Fragen* (acatech bezieht Position, Nr. 6), Heidelberg u.a.: Springer Verlag 2010.

acatech (Hrsg.): *Intelligente Objekte – klein, vernetzt, sensitiv. Eine neue Technologie verändert die Gesellschaft und fordert zur Gestaltung heraus* (acatech bezieht Position, Nr. 5), Heidelberg u.a.: Springer Verlag 2009.

acatech (Hrsg.): *Strategie zur Förderung des Nachwuchses in Technik und Naturwissenschaft. Handlungsempfehlungen für die Gegenwart, Forschungsbedarf für die Zukunft* (acatech bezieht Position, Nr. 4), Heidelberg u.a.: Springer Verlag 2009.

acatech (Hrsg.): *Materialwissenschaft und Werkstofftechnik in Deutschland. Empfehlungen zu Profilbildung, Lehre und Forschung* (acatech bezieht Position, Nr. 3), Stuttgart: Fraunhofer IRB Verlag 2008.

acatech (Hrsg.): *Innovationskraft der Gesundheitstechnologien. Empfehlungen zur nachhaltigen Förderung von Innovationen in der Medizintechnik* (acatech bezieht Position, Nr. 2), Stuttgart: Fraunhofer IRB Verlag 2007.

acatech (Hrsg.): *RFID wird erwachsen. Deutschland sollte die Potenziale der elektronischen Identifikation nutzen* (acatech bezieht Position, Nr. 1), Stuttgart: Fraunhofer IRB Verlag 2006.

> **acatech – DEUTSCHE AKADEMIE DER TECHNIKWISSENSCHAFTEN**

acatech vertritt die Interessen der deutschen Technikwissenschaften im In- und Ausland in selbstbestimmter, unabhängiger und gemeinwohlorientierter Weise. Als Arbeitsakademie berät acatech Politik und Gesellschaft in technikwissenschaftlichen und technologiepolitischen Zukunftsfragen. Darüber hinaus hat es sich acatech zum Ziel gesetzt, den Wissenstransfer zwischen Wissenschaft und Wirtschaft zu erleichtern und den technikwissenschaftlichen Nachwuchs zu fördern. Zu den Mitgliedern der Akademie zählen herausragende Wissenschaftler aus Hochschulen, Forschungseinrichtungen und Unternehmen. acatech finanziert sich durch eine institutionelle Förderung von Bund und Ländern sowie durch Spenden und projektbezogene Drittmittel. Um die Akzeptanz des technischen Fortschritts in Deutschland zu fördern und das Potenzial zukunftsweisender Technologien für Wirtschaft und Gesellschaft deutlich zu machen, veranstaltet acatech Symposien, Foren, Podiumsdiskussionen und Workshops. Mit Studien, Empfehlungen und Stellungnahmen wendet sich acatech an die Öffentlichkeit. acatech besteht aus drei Organen: Die Mitglieder der Akademie sind in der Mitgliederversammlung organisiert; ein Senat mit namhaften Persönlichkeiten aus Industrie, Wissenschaft und Politik berät acatech in Fragen der strategischen Ausrichtung und sorgt für den Austausch mit der Wirtschaft und anderen Wissenschaftsorganisationen in Deutschland; das Präsidium, das von den Akademiemitgliedern und vom Senat bestimmt wird, lenkt die Arbeit. Die Geschäftsstelle von acatech befindet sich in München; zudem ist acatech mit einem Hauptstadtbüro in Berlin vertreten

Weitere Informationen unter www.acatech.de

> **DIE REIHE „acatech POSITION"**

In der Reihe „acatech POSITION" erscheinen Stellungnahmen der Deutschen Akademie der Technikwissenschaften zu aktuellen technikwissenschaftlichen und technologiepolitischen Themen. Die Veröffentlichungen enthalten Empfehlungen für Politik, Wirtschaft und Wissenschaft. Die Stellungnahmen werden von acatech Mitgliedern und weiteren Experten erarbeitet und von acatech autorisiert und herausgegeben.

MIX
Papier aus verantwortungsvollen Quellen
Paper from responsible sources
FSC® C105338

If you have any concerns about our products,
you can contact us on
ProductSafety@springernature.com

In case Publisher is established outside the EU,
the EU authorized representative is:
**Springer Nature Customer Service Center GmbH
Europaplatz 3, 69115 Heidelberg, Germany**

Printed by Libri Plureos GmbH
in Hamburg, Germany